村镇供水行业专业技术人员技能培训丛书

供水管道工1

基础知识及常用管材、设备

主编 尹六寓　　副主编 危加阳 李扬红 庄中霞

中国水利水电出版社
www.waterpub.com.cn

内 容 提 要

本书是《村镇供水行业专业技术人员技能培训丛书》中的《供水管道工》系列第1分册，详尽介绍了村镇供水管道工的基础知识及常用管材、设备。全书共分3章，包括村镇供水管道工基础知识、供水常用管材及其附件、供水常用设备等内容。

本书采用图文并茂的形式编写，内容既简洁又不失完整性，深入浅出，通俗易懂，非常适合村镇供水从业人员岗位学习参考，亦可作为职业资格考核鉴定的培训用书。

图书在版编目（ＣＩＰ）数据

供水管道工. 1，基础知识及常用管材、设备 / 尹六
寓主编. -- 北京：中国水利水电出版社，2015.7
（村镇供水行业专业技术人员技能培训丛书）
ISBN 978-7-5170-3463-6

Ⅰ. ①供… Ⅱ. ①尹… Ⅲ. ①给水管道－给水工程
Ⅳ. ①TU991.33

中国版本图书馆CIP数据核字(2015)第168737号

书　　名	村镇供水行业专业技术人员技能培训丛书 **供水管道工 1　基础知识及常用管材、设备**
作　　者	主编　尹六寓　副主编　危加阳　李扬红　庄中霞
出版发行	中国水利水电出版社 （北京市海淀区玉渊潭南路1号D座　100038） 网址：www. waterpub. com. cn E-mail：sales@waterpub. com. cn 电话：（010）68367658（发行部）
经　　售	北京科水图书销售中心（零售） 电话：（010）88383994、63202643、68545874 全国各地新华书店和相关出版物销售网点
排　　版	中国水利水电出版社微机排版中心
印　　刷	北京嘉恒彩色印刷有限责任公司
规　　格	140mm×203mm　32开本　2.75印张　74千字
版　　次	2015年7月第1版　2015年7月第1次印刷
印　　数	0001—3000册
定　　价	**10.00元**

《村镇供水行业专业技术人员技能培训丛书》
编写委员会

主　任：刘　敏

副主任：江　洧　胡振才

编委会成员：黄其忠　凌　刚　邱国强　曾志军

　　　　　　陈燕国　贾建业　张芳枝　夏宏生

　　　　　　赵奎霞　兰　冰　朱官平　尹六寓

　　　　　　庄中霞　危加阳　张竹仙　钟　雯

　　　　　　滕云志　曾　文

项目责任人：张　云　谭　渊

培训丛书主编：夏宏生

《供水水质检测》主编：夏宏生

《供水水质净化》主编：赵奎霞

《供水管道工》主编：尹六寓

《供水机电运行与维护》主编：庄中霞

《供水站综合管理员》主编：危加阳

序

近年来，各级政府和行业主管部门投入了大量人力、物力和财力建设农村饮水安全工程，而提高农村供水从业人员的专业技术和管理水平，是使上述工程发挥投资效益、可持续发展的关键措施。目前，各地乃至全国都在开展相关的培训工作，旨在以此方式提高基层供水单位的运行及管理的专业化水平。

与城市集中式供水相比，农村集中式供水是一项新型的、方兴未艾的事业，急需大量的、各层次的懂技术、会管理的专业人才，而基层人员又是重要的基础和保证。本丛书的编者们结合工程实践、提炼技术关键、总结管理经验，认真分析基层供水行业技术和管理人员的基础知识和认知能力，依据农村供水行业各工种岗位应知应会的要求，编写了这套由浅入深、图文并茂、通俗易懂、操作指导性强的系列丛书，以方便农村供水从业人员在日常工作中学习、查阅和操作。该丛书按照工种岗位职业资格标准编写，体现出了职业性、实用性、通俗性和前瞻性，可作为相关部门和企业定岗考核的重要参考依据，也可供各地行业主管部门作为培训的参考资料。

本丛书的出版是对我国现有农村供水行业读物的

一个新的补充和有益尝试，我从事农村饮水安全事业多年，能看到这样的读物出版，甚为欣慰，故以此为序。

2013 年 5 月

前　言

　　我国村镇集中式供水与城市供水相比是一项新兴的事业，开展村镇供水行业技术人员的培训是提高村镇供水从业人员技术和管理能力，推进在村镇供水行业中有步骤开展职业资格证制度的一项重要基础性工作。在总结广东省村镇供水行业技术人员培训工作和对现有村镇供水培训教材调研的基础上，编写一套针对性强，方便学习、查阅和指导日常操作的培训丛书是十分必要和迫切的。在广东省水利厅的大力支持下，组织有关专家编写了本套《村镇供水行业专业技术人员技能培训丛书》，以满足村镇供水从业人员技能培训和职业技能鉴定的需要。丛书以工种岗位职业资格标准为大纲，体现职业性、实用性、通俗性和前瞻性。

　　本丛书共包括《供水水质检测》《供水水质净化》《供水管道工》《供水机电运行与维护》《供水站综合管理员》等5个系列，每个系列又包括1~3本分册。丛书内容简明扼要、深入浅出、图文并茂、通俗易懂，具有易读、易记和易查的特点，非常适合村镇供水行业从业人员阅读和学习。丛书可作为培训考证的学习用书，也可作为从业人员岗位学习的参考书。

　　本丛书的出版是对现有村镇供水行业培训教材的一

个新的补充和尝试，如能得到广大读者的喜爱和同行的认可，将使我们倍感欣慰、倍受鼓舞。

村镇供水从其管理和运行模式的角度来看是供水行业的一种新类型，因此编写本套丛书是一种尝试和挑战。在编写过程中，在邀请供水行业专家参与编写的基础上，还特别邀请了村镇供水的技术负责人与技术骨干担任丛书评审人员。由于对村镇供水行业从业人员认知能力的把握还需要不断提高，书中难免还有很多不足之处，恳请同行和读者提出宝贵意见，使培训丛书在使用中不断提高和日臻完善。

丛书编委会

2013 年 5 月

目　录

第1章 村镇供水管道工基础知识

1.1 常用概念

1.1.1 温度

1. 摄氏温度

摄氏温度规定水的冰点为 0 摄氏度，沸点为 100 摄氏度；从冰点到沸点分为 100 等份，每一等份为 1 摄氏度。摄氏温度常用 t 表示，其单位符号为℃。

2. 华氏温度

华氏温度规定水的冰点为 32 华氏度，沸点为 212 华氏度；从冰点到沸点分为 180 等份，每等份为 1 华氏度。华氏温度常用 F 表示，其单位为℉。

3. 绝对温度

绝对温度规定以零下 273.15 摄氏度为绝对温度 0 度。绝对温度常用 T 表示，其单位为 K。

4. 温度换算

各种温度按以下换算式进行换算：

$$摄氏温度: t = 5/9 \cdot (F - 32)$$
$$华氏温度: F = 9/5t + 32$$
$$绝对温度: T = t + 273.15$$

1.1.2 湿度

1. 相对湿度

相对湿度是指空气中水汽压与相同温度下的饱和水汽压的百分比。

2. 绝对湿度

绝对湿度是指在标准状态下（760mmHg）1m³ 的湿空气中

所含水蒸气的重量。绝对湿度常用 g/m³ 表示。

1.1.3　比重

比重（又称为相对密度）是体积相同的物质之重量与水的重量之比。比重常用单位是 kg/m³ 或 g/mm³，如铁的比重（相对密度）为 7.8g/mm³。

1.1.4　传热

1.1.4.1　传热方式

传热是指热量由高温物体传递给低温物体的现象。热量总是自发地从温度较高的部位传至温度较低的部位，其传热的基本方式有传导、对流和辐射三种。

1. 传导

传导又称导热，是指物体各部分没有相对位移，只通过各部分的直接接触而发生的能量传递现象。也就是说，热量从物体的一部分传递到另一部分，或从一个物体传递到与它相接触的另一个物体。一般来说，导热在固体、液体和气体中都可以产生，但是，单纯的导热只能在密实的固体中产生。

2. 对流

对流是指靠流体（气体或液体热）的流动，把热量由一处传递到另一处的现象。对流只能在气体与液体中产生。

3. 辐射

辐射是不需要任何媒介，依靠物体表面发射可见或不可见的射线在空间传递能量的现象。若要产生辐射传热，物体之间必须是真空或气体。

在实际生产中，传热的三种基本方式经常综和在一起，单纯的一种传热方式是不存在的。但是，任何一个传热过程并不一定会全部包括这三种基本方式，即使某一传热过程包括了三种基本方式，也有主次之分。

1.1.4.2　导热系数

导热系数是指在稳定传热条件下，1m 厚的材料，两侧表面的温差为 1 度（K, ℃）时，在 1 秒钟（1s）内通过 1m² 截面所传递的热量。导热系数常用 λ 表示。

1.1.4.3　线膨胀系数

物体温度每升高 1℃，其长度增长部分与原长度的比值称为线膨胀系数。

以 0℃ 为基点的平均线膨胀系数用 α 表示，其单位是 m/(m·℃)或 mm/(m·℃)。常用管材的线膨胀系数见表 1.1.1。

表 1.1.1　　　　　常用管材的线膨胀系数

管材	α 值/[m/(m·℃)]	管材	α 值/[m/(m·℃)]
普通钢	12×10^{-6}	铸铁	11×10^{-6}
镍钢	13.1×10^{-6}	铜	15.96×10^{-6}
镍铬钢	11.7×10^{-6}	青铜	18×10^{-6}
不锈钢	10.3×10^{-6}	聚氯乙烯	70×10^{-6}
碳素钢	11.7×10^{-6}	聚乙烯	10×10^{-6}
铁	12.35×10^{-6}	玻璃	5×10^{-6}

1.1.5　压力

压力是指物体单位面积上所受到的作用力。常用 p 表示。工程上常说的压力是指压强，压强单位为牛/米²（N/m²）。

工程上取 1kgf/cm² 为 1 个压力单位，即 1 个工程大气压。

1 工程大气压＝1kgf/cm²＝98066Pa≈0.098MPa

1. 相对压力

相对压力是以大气压力为基准，从大气压开始起算，即压力超出大气压的数值。相对压力又称为表压力。

2. 绝对压力

绝对压力是以绝对真空为基准，从绝对真空开始算，即相对压力加上大气压力的数值。

3. 真空度

真空度是指当绝对压力小于大气压力时，其小于大气压力的数值，即负的表压力，所以真空度又称为负压。

小于 1 个大气压的值称为真空度或称为负压。

绝对压力＝大气压力＋相对压力

当绝对压力小于当地大气压时，真空度＝大气压力－绝对压力。

压力也可用水银柱高度或水柱高度表示，其单位的换算见表 1.1.2。

表 1.1.2　　　　　压力单位换算

工程大气压		标准大气压/ 大气压	水银柱高度/ mm	水柱高度/ m
以 MPa 为单位	以 kgf/cm² 为单位			
0.1	1	0.9678	735.56	10.00
0.10337	1.0334	1	760.00	10.334
0.000136	0.00136	0.00132	1	0.0136
0.00999	0.0999	0.9670	73.49	1

注　1kPa＝1000Pa；1MPa＝1000kPa；1MPa＝10kgf/cm²。

1.1.6　流速与流量

1. 流速

流速是指流体在单位时间内流过的距离。一般情况下，管道内的流体呈紊流状态，而有效断面上的速度分布也是比较复杂的，因此在实际应用中均指平均流速。流速常用 v 表示，其单位为米/秒（m/s）。

2. 流量

流量是指在单位时间内流过管道有效面积的流体量。以流过流体的体积表示，称为体积流量；以流过流体的重量表示，称为重量流量。一般常用体积流量。体积流量常用 Q 表示，单位为米³/时（m³/h）。流体的流量和流速与管道的有效截面积有关，它们的关系式为：

$$Q = vF$$

式中　v——流速；

　　　F——管道的有效截面积。

应用该式时，应注意将单位换算一致。

1.1.7　阻力

流体在管道中运动时，所产生的摩擦阻力会阻碍流体的运动，这种阻碍流体运动的力称为流体阻力。

流体在管道中流动时的阻力可分为摩擦阻力和局部阻力两种。摩擦阻力是流体流经一定管径的直管时，由于流体内摩擦产生的阻力，又称为沿程阻力，以 h_f 表示。

局部阻力主要是由于流体流经管道中的管件、阀门及管道截面突然扩大或缩小等局部部位所引起的阻力，又称为形体阻力，以 h_j 表示。

流体在管道内流动时的总阻力为：

$$\sum h = h_f + h_j$$

1.1.8　力

力是物体之间的相互作用。

（1）内力：物体内相邻部分之间相互作用的力。

（2）应力：单位面积上的内力平均值。

（3）极限应力：当材料某一部分上的应力达到某一数值时，就会发生断裂或者产生较大的永久变形，此时的应力称为极限应力或危险应力。

（4）容许应力：容许应力是指材料不会发生断裂或产生较大变形的，小于极限应力的最大工作应力。

极限应力与容许应力之比为安全系数，它们的关系如下：

$$n = \sigma_s [\sigma]$$

式中　n——安全系数；

　　　σ_s——极限应力；

　　　$[\sigma]$——容许应力。

安全系数选取过大，则容许应力过低，会浪费材料；选取过小，容许应力过高，则材料有被破坏的危险。

（5）工作应力：工作应力是指材料受力时产生的应力，它应小于容许应力。

工作应力常用 σ 表示，根据其定义可以用下式表示：

$$\sigma = P/F \leqslant [\sigma]$$

1.2 管道工专业术语

1.2.1 常用专业术语

在管工的教学和实际作业时，经常遇到一些专业术语，如果没有统一的定义，就会出现词义混淆、一词多义等现象。

（1）流体输送管道：指设计单位在综合考虑了流体性质、操作条件以及其他构成管理设计等基础因素后，在设计文件中所规定的输送各种流体的管道。所输送的流体可分为剧毒流体、有毒流体、可燃流体、非可燃流体和无毒流体。

（2）配管：指按工艺流程、生产操作、施工、维修等要求进行的管道组装。

（3）公称直径：管子和管路附件的公称直径是为了设计、制造、安装和检修方便而规定的一种标志直径。一般情况下，公称的数值即不是管子的内径，也不是管子的外径，而是与管子的外径相接近的一个整数值。公称直径用符号 DN 表示，其后附加公称直径的数值，数值的单位为毫米（mm）。如 $DN100$、$DN200$ 等。

（4）公称压力：指为了设计、制造和使用的方便而规定的一种标准压力（在数值上它正好等于第一级工作温度下的最大工作压力），用 PN 表示，其后附加压力数值，单位为兆帕（MPa），如 4MPa、6.4MPa、10MPa。

（5）工作压力：指为了保证管路工作时的安全，而根据介质的各级最高工作温度所规定的一种最大压力。最大工作压力是随着介质工作温度的升高而降低的，用 P 表示，单位为兆帕（MPa）。

（6）设计压力：指在正常操作过程中，在相应设计温度下，管道可能承受的最高工作压力。

（7）压力试验：指以液体或气体为介质，对管道逐步加压至规定的压力，并检验管道强度和严密性的试验。

（8）强度实验压力：指进行管道强度试验的规定压力。

（9）泄漏性试验：指以气体为介质，在设计压力下，采用发泡剂、显色剂、气体分子感测仪或其他专门手段，检查管道系统中泄漏点的试验。

（10）密封试验压力（严密性试验压力）：指管道密封试验的规定压力。

（11）稳压：指在压力试验达到规定压力时，在规定时间内以泵或压缩机维持规定的压力。

（12）停压：指在压力试验达到规定压力时，切断气源（或液源），以检查管道泄漏状况。

（13）复位：指已安装合格的管道，拆开后重新恢复原有状态的过程。

（14）工作温度：指管道在正常操作条件下的温度。

（15）设计温度：指在正常操作过程中，在相应设计压力下，管道可能承受的最高或最低温度。

（16）适用介质：指在正常操作过程中，适合于管道材料的介质。

（17）可燃流体：指在生产操作条件下，可以点燃和连续燃烧的气体或可以汽化的液体。

1.2.2 管子与管道

（1）管子：一般为长度远大于直径的圆筒体，是管道的主要组成部分。一般表示方法是用管子外径×壁厚和材料种类。例如，$\phi114\times5$、$\phi219\times8$ 无缝钢管 20 号钢，$\phi406\times6$、$\phi325\times10$ 螺旋焊缝钢管 16Mn。

（2）管道：由管道组成件和管道支承件组成。指用以输送、分配、混合、分离、排放、计量、控制或制止流动的管子、管件、法兰、螺栓连接、垫片、阀门及其他组成件或受压部件的装配总成。

（3）管道组成件：指用于连接或装配管道的元件。它包括管子、管件、法兰、垫片、紧固件、阀门以及膨胀接头、挠性接头、耐压软管、疏水器、过滤器和分离器等。

（4）管道系统（简称为管系）：指设计条件相同的互相联系的一组管道。

（5）安装件：指将负荷从管子或管道附着件上传递至支承结构或设备上的元件。它包括吊杆、弹簧支吊架、斜拉杆、平衡锤、松紧螺栓、支杆、链条、导轨、锚固件、鞍座、垫板、滚柱、托座和滑动支架等。

（6）自由管段：指在管道预制加工前，按照单线图选择确定的可以先行加工的管段。

（7）封闭管段：指在管道预制加工前，按照单线图选择确定的、经实测安装尺寸后再行加工的管段。

（8）非金属管：指用玻璃、陶瓷、石墨、塑料、橡胶、石棉水泥等非金属材料制成的管子。

（9）金属管：指以铁、碳、铜、铅、铝、钛等有色金属为材质的管道。

（10）复合管：指在管道内壁设置保护层或隔热层的管道。

（11）总管（主管）：指由支管汇合的或分出支管的管道。

（12）支管（分管）：指从总管上分出的或向总管汇合的管道。

（13）工艺管道：指输送原料、中间物料、成品、催化剂、添加剂等工艺介质的管道。

（14）公用系统管道：指工艺管道以外的辅助性管道，包括输送水、蒸汽、压缩空气、惰性气体等的管道。

（15）低压管道：指管内介质表压力为 $0 \sim 1.57$MPa 的管道。

（16）中压管道：指管内介质表压力为 $1.57 \sim 9.81$MPa 的管道。

（17）高压管道：指管内介质表压力大于 9.81MPa 的管道。

（18）真空管道：指管内压力低于绝对压力 0.1MPa（一个标准大气压）的管道。

（19）A 级管道：指管内为剧毒介质或设计压力不小于 9.81MPa 的易燃、可燃介质的管道。

（20）B 级管道：指管内为闪点低于 28℃的易燃介质或爆炸下限低于 5.5％的介质或操作温度高于或等于自燃点的管道。

（21）C 级管道：指管内为闪点为 28～60℃的易燃、可燃介质或爆炸下限高于或等于 5.5％的介质的管道。

（22）取样管：指为取出管道或设备内介质用于分析化验而设置的管道。

（23）排液管：指为管道或设备低点排液而设置的管道。

（24）放气管：指为管道或设备高点放气而设置的管道。

1.3 管道工程图的绘制和识读基础

1.3.1 管道工程图的习惯画法与规定画法

管道工程图各种习惯画法与规定画法如图 1.3.1～图 1.3.18 所示。

1.3.1.1 单、双线图

1. 直管

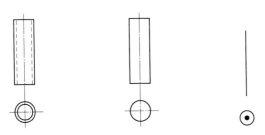

图 1.3.1 视图　　　图 1.3.2 双线图　　　图 1.3.3 单线图

2. 弯管

（1）90°弯头。

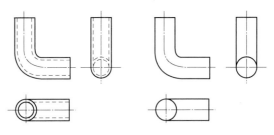

图 1.3.4　90°弯头的三视图　　图 1.3.5　90°弯头的双线图

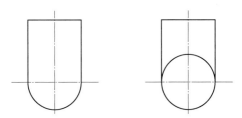

图 1.3.6　90°弯头的两种双线画法意义相同

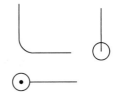

图 1.3.7　90°弯头的单线图

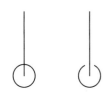

图 1.3.8　90°弯头的两种单线画法
意义相同

（2）45°弯头。

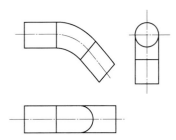

图 1.3.9　45°弯头的单、双线图

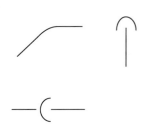

图 1.3.10　45°弯头两种单线
画法意义相同

3. 三通

（1）同径正三通的三视图和双线图。

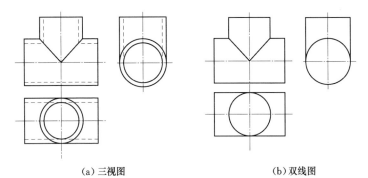

(a) 三视图　　　　　　　　　　　　(b) 双线图

图 1.3.11　同径正三通的三视图和双线图

（2）异径正三通的三视图和双线图。

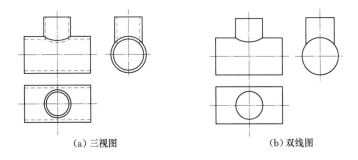

(a) 三视图　　　　　　　　　　　　(b) 双线图

图 1.3.12　异径正三通的三视图和双线图

（3）正三通的单线图。

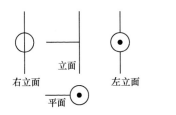

图 1.3.13　正三通的单线图

图 1.3.14　正三通两种单线
画法意义相同

4. 四通

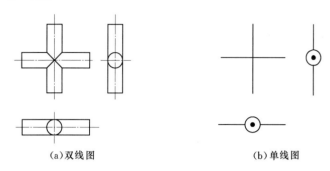

(a)双线图   (b)单线图

图 1.3.15 同径正四通的单、双线图

5. 大小头

图 1.3.16 同心大小头   图 1.3.17 同心大小头两种   图 1.3.18 偏心大小头
的双线图   单线图画法意义相同   的双线图

6. 阀门

阀门的单、双线图见表 1.3.1。

表 1.3.1   阀门的单、双线图

类 型	阀柄向前	阀柄向后	阀柄向右	阀柄向左
单线图				

类　型	阀柄向前	阀柄向后	阀柄向右	阀柄向左
双线图				

1.3.1.2 管道的积聚

1. 直管与弯管的积聚

一根直管积聚后的投影用双线图的形式表示就是一个小圆，用单线图的形式表示则为一个点，如图 1.3.2 和图 1.3.3 所示。

弯管是由直管段和弯头两部分组成的。如图 1.3.19 和图 1.3.20 所示，直管段积聚后的投影是个小圆，与直管段相连接的弯头，在拐弯前的投影也积聚成小圆，并且与直管段积聚成的小圆的投影重合。

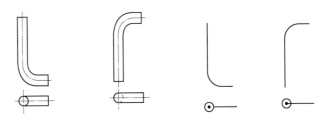

图 1.3.19　弯管的积聚双线图　　图 1.3.20　弯管的积聚单线图

2. 管子与阀门的积聚

管子与阀的积聚如图 1.3.21 和图 1.3.22 所示。

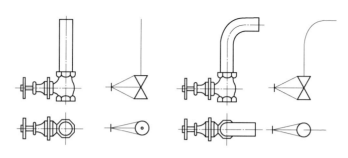

图 1.3.21　直管与阀门的积聚　　图 1.3.22　弯管与阀门的积聚

1.3.1.3　管子的重叠与交叉

1. 管子的重叠

长短相等、直径相同的两根或两根以上的管子，如果叠合在一起，其投影是完全重合的，反映在投影面上就像是一根管子的投影，这种现象称为管子的重叠。

在工程图中，为了使重叠管线（见图 1.3.23）表达清楚，可采用折断显露法来表示。假想将前（或上）面的管子截去一段，并画上折断符号，显露出后（或下）面的管子，这种方法称为折断显露法。

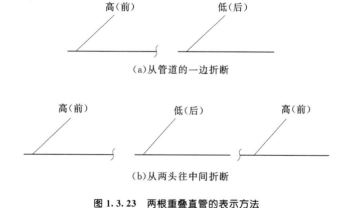

(a)从管道的一边折断

(b)从两头往中间折断

图 1.3.23　两根重叠直管的表示方法

2. 管子的交叉

（1）单线图管子在平面图和正立面图上的交叉，如图 1.3.24

所示。

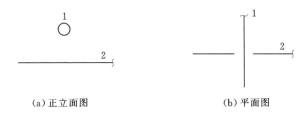

(a) 正立面图　　　　　　　(b) 平面图

图 1.3.24　2 条单线图直管的交叉

（2）双线图管子在平面图和正立面图上的交叉，如图 1.3.25 所示。

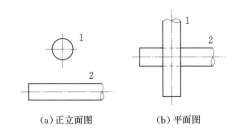

(a) 正立面图　　　　　　　(b) 平面图

图 1.3.25　2 条双线图直管的交叉

（3）双线图管子在平面图和正立面图的交叉，如图 1.3.26 所示。

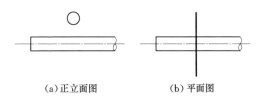

(a) 正立面图　　　　　　　(b) 平面图

图 1.3.26　单、双线图直管的交叉

1.3.2　管道工程图的识读

给水施工图是指在单项工程一整套施工图纸中用作设备施工依据的图纸，简称为"水施"。给水施工图的内容包括有室内外上下水施工图。

1.3.2.1 给水施工图的特点

（1）专业化、符号化。由于给水施工图纸重点表达的是有关设备管线的走向和管线、附件、阀门与有关设备的衔接，因此分别用特定的线型和图例符号加以表示。

（2）给水施工图纸与土建施工图关系极为密切，施工人员必须了解这两种图纸的配合关系，管线沿着"建施""结施"的预留孔洞穿过，不得随意开凿孔洞和损伤梁柱。

（3）在给水施工图中，常用单线轴测图标明管线系统的空间关系，因此，轴测图是设备施工图纸的一个重要组成部分。

1.3.2.2 给水施工图的构成

给水施工图主要由图纸目录、设计总说明、图例、给水平面图、系统图、详图等组成。

1. 给水平面图

给水平面图标明了给水管道及设备的平面布置，主要包括以下内容：

（1）室外房屋建筑及道路的平面形式。

（2）各种用水设备的位置、类型。

（3）给水各个管网系统的各个干管、立管、支管的平面位置、走向、立管编号，给水引入管、水表节点的平面位置、走向及室外给水管网的连接。

（4）管道附件（如阀门、消火栓、伸缩节等）的平面位置。

（5）管道及设备安装的支架、预留空洞、预埋件、管沟等的位置。

2. 给水管道系统图

给水管道系统图是根据给水平面图中管道及用水设备的平面位置和竖向标高用正面斜轴测投影绘制而成。给水管道系统图反映给水管道系统的上下层之间、前后左右的空间关系，各管段的管径、坡度、标高及管道附件的位置等。给水管道系统图是给水管道系统的整体立面图，它与给水平面图一起表达给水工程空间布置情况。

3. 给水管道详图

给水管道详图主要有阀门井的安装大样图和给水管道安装固定大样图。

1.3.2.3　给水施工图识图要领

设计说明、图例、给水平面图、系统图等是给水施工图的有机组成部分，它们相互联系，相互补充，共同表达室内给水管道、卫生器具等的形状、大小及其空间位置。读图时必须结合起来，才能够准确把握设计者的意图。阅读给水施工图时，应该首先看图标、图例及有关设计说明，然后读图。具体识图方法如下。

1. 阅读设计说明

设计说明是用文字而非图形的形式表达有关必须交代的技术内容。它是图纸的重要组成部分。说明中交代的有关事项，往往对整套给水施工图的识读和施工都有重要的影响。因此，弄通设计说明是识读施工图的第一步，必须认真对待。

设计说明所要记述的内容应视需要而定，以能够交代清楚设计人的意图为原则，一般包括工程概况、设计依据、设计范围、各系统设计概况、安装方式、工艺要求、尺寸单位、管道防腐、试压等内容。

2. 浏览给水平面图

浏览给水平面图时，首先看室内外给水平面图，然后再看其他楼层给水平面图。首先确定每层给水房间的位置和数量、给水房间内的卫生器具和用水设备的种类及平面布置情况，然后确定给水引入管的数量和位置，最后确定给水干管道干管、立管和支管的位置。

3. 对照平面图阅读给水系统图

根据平面图找出对应的给水系统图。首先找出平面图和系统图中相同编号的给水引入管，然后再找出相同编号的立管，最后按照一定顺序阅读给水系统图。

阅读给水系统图一般按照水流的方向阅读，一般从引入管开始，按照引入管、干管、立管、支管、配水装置的顺序进行。

在施工图中，对于某些常见部位的管道器材、设备等细部位置、尺寸和构造要求，往往是不予说明的，而是按照专业设计规范、施工操作规程等标准进行施工的。读图时，若想了解其详细做法，尚需参照有关标准图集和安装详图。

图1.3.27为某草坪喷灌单线图管道供水平面图和给水系统图。

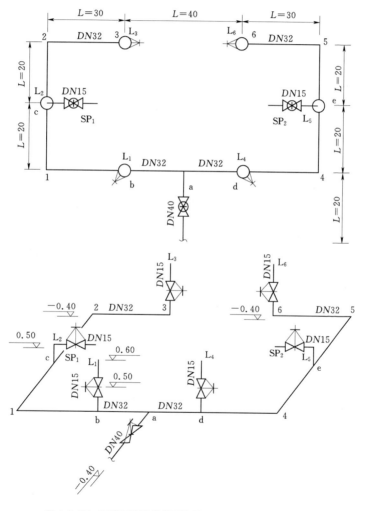

图1.3.27 某草坪喷灌单线图管道供水平面图和给水系统图

第2章　供水常用管材及其附件

2.1　供水常用管材

建筑给水常用管材分为金属管、复合管、塑料管。

2.1.1　金属管

1. 焊接钢管

焊接钢管（见图2.1.1）又分为镀锌钢管和非镀锌钢管。钢管镀锌的目的是防锈、防腐，不使水质变坏，延长管的使用年限。生活用水管采用镀锌钢管（$DN<150mm$）；普通焊接钢管一般用于工作压力不超过1.0MPa的管路中；加厚焊接钢管的工作压力一般为1.0～1.6MPa。焊接钢管的直径用公称直径"DN"表示，单位为mm（如$DN50$）。常见的公称直径有：$DN15$、$DN20$、$DN25$、$DN32$、$DN40$、$DN50$、$DN65$、$DN80$、$DN100$、$DN150$、$DN200$、$DN250$、$DN300$、$DN350$、

图2.1.1　镀锌钢管

$DN400$、 $DN500$、 $DN600$、 $DN700$、 $DN800$、 $DN900$、 $DN1000$、$DN1200$ 等；$DN \leqslant 80$mm 时采用螺纹连接，如图 2.1.2 所示；$DN \geqslant 100$mm 时采用沟槽式卡箍或法兰连接，如图 2.1.3 所示。

图 2.1.2 镀锌钢管的螺纹连接

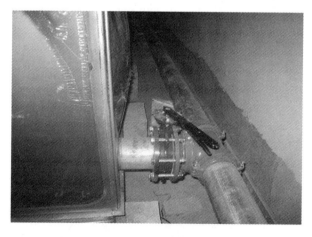

图 2.1.3 镀锌钢管的沟槽式卡箍或法兰连接

水煤气钢管广泛应用于小管径的低压管路上，如给水、煤气、暖气、压缩空气、蒸汽、凝结水、废气、真空管及输送某些物料的管路。普通钢管正常工作压力不大于 1.0MPa（表压）；加厚钢管正常工作压力不大于 1.6MPa（表压）。正常工作温度不宜超过 175℃。最大水压试验压力是：普通钢管为 2MPa；加厚钢管为 3MPa。

2. 无缝钢管

由于无缝钢管的承压能力较高，因此，在工作压力超过 1.6MPa 的高层和超高层建筑等给水工程中，应采用无缝钢管（见图 2.1.4）。无缝钢管的直径用管外径×壁厚表示，符号为 $D \times \delta$，单位为 mm（如 D159×4.5）。$DN \leqslant 80$mm 时采用螺纹连接；$DN \geqslant 100$mm 时采用沟槽式卡箍连接。

图 2.1.4　无缝钢管

3. 铸铁管

铸铁管具有耐腐蚀性强、使用期长、价格低等优点，但是管壁厚、重量大、质脆、强度较钢管差，适用于埋地敷设。铸铁管按材质分为灰口铁管、球墨铸铁管（最为常用，见图 2.1.5）及高硅铁管。铸铁管的直径用公称直径"DN"表示，单位为 mm（如 DN50）。常见的公称直径有：DN50、DN65、DN80、DN100、 DN125、 DN150、 DN200、 DN250、 DN300、 DN350、 DN400、 DN450、 DN500、 DN600、 DN700、 DN800、DN900、DN1000、DN1100、DN1200 等；内衬水泥砂浆（离心衬涂），外表面涂刷沥青漆；连接采用承插胶圈接口或承插法兰胶圈接口连接（见图2.1.6）。

图 2.1.5 球墨铸铁管

图 2.1.6 球墨铸铁管的承插胶圈接口连接

给水铸铁管有低压（$P=0.45$MPa）、常压（$P=0.75$MPa）和高压（$P=1$MPa）三种，直径 50～1500mm，壁厚 7.5～30mm，管长分别为 3m、4m、6m。

4. 薄壁不锈钢管

薄壁不锈钢管（见图 2.1.7）具有耐腐蚀性强、使用期长等优点，适用于埋地及明敷管线。常见的公称直径有：$DN15$、$DN20$、$DN25$、$DN32$、$DN40$、$DN50$、$DN65$、$DN80$、$DN100$、$DN125$、$DN150$、$DN200$；连接采用卡压式接口、承插氩弧焊接口、压缩式接口（$DN \leqslant 50$）、对接氩弧焊接口、卡箍法兰式接口（$DN \geqslant 100$）连接。

卡压部位

O 型密封

图 2.1.7 薄壁不锈钢管及卡压连接

2.1.2 复合管

复合管是金属与塑料混合型管材。复合管的直径用公称直径"DN"表示，单位为 mm（如 $DN50$）。

凡是有衬里的管子，统称为衬里管。一般在碳钢管和铸铁管内衬里。作为衬里的材料很多，适合多种不同的腐蚀性介质，大大节省贵重金属，降低了工程费用。

1. 钢丝网骨架塑料（聚乙烯）复合给水管

钢丝网骨架塑料（聚乙烯）复合给水管（见图 2.1.8），其具有优良的耐腐蚀性、耐磨性、光洁性、并克服了玻璃的脆性，提高了机械强度和耐温急变性能，同时制造简单，使用方便，成本较低，有着广泛的发展前途。常见的公称直径有：$DN50$、$DN65$、$DN80$、$DN100$、$DN125$、$DN150$、$DN200$、$DN250$、$DN300$、$DN350$、$DN400$、$DN450$、$DN500$、$DN550$、$DN600$；管材公称压力是：$DN \leqslant 80$mm 为 1.6MPa，$DN \geqslant$

100mm 为 1.0MPa、1.6MPa；一般采用热熔连接（见图 2.1.9），与金属附件或其他材质管道连接时可采用法兰连接。

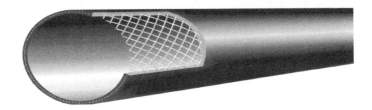

图 2.1.8 钢丝网骨架塑料（聚乙烯）复合管

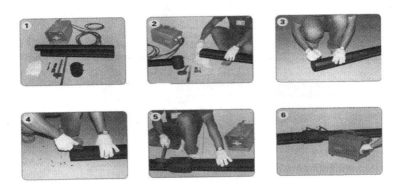

图 2.1.9 钢丝网骨架塑料（聚乙烯）复合管热熔连接

2. 铝塑复合管

铝塑复合管（图 2.1.10）有较好的保温性能，内外壁不易被腐蚀，因内壁光滑，对流体阻力很小；又因为可随意弯曲，故

图 2.1.10 铝塑复合管

安装施工方便。作为供水管道，铝塑复合管有足够的强度，但横向受力太大时则会影响强度，因此宜用于明管施工或埋于墙体内，但不宜埋入地下。

常见公称直径有：DN15、DN20、DN25、DN32、DN40、DN50；系统工作压力 P_s≤1.0MPa；连接采用卡套式（也或卡压式）连接（见图2.1.11）。

图 2.1.11 铝塑复合管的卡压式连接

3. 钢衬（涂）塑复合给水管

钢塑复合管（见图 2.1.12），常见的公称直径有：DN15、DN20、DN25、DN32、DN40、DN50、DN65、DN80、DN100、DN125、DN150；外层为镀锌钢管，内衬为聚乙烯（PE）、聚丙烯（PP-R）、交联聚乙烯（PE-X）、耐热聚乙烯（PE-RT）、硬聚氯乙烯（PVC-U）塑料管或为内涂聚乙烯、环氧树脂衬（涂）塑可锻铸铁管。系统工作压力 P_s≤1.0MPa，DN≤65 时采用螺纹连接，DN≥80 时采用法兰或沟槽式卡箍连接；系统工作压力 P_s>1.0MPa 且 P_s≤1.6MPa，应采用衬塑无缝钢管、法兰或沟槽式卡箍连接。

4. 玻璃钢管

玻璃钢管（见图 2.1.13）是以玻璃纤维制品（玻璃布、玻璃带、玻璃毡）为增强材料，以合成树脂为黏结剂，经过一定的

图 2.1.12　钢塑复合管

成型工艺制作而成。玻璃钢管集中了玻璃纤维与合成树脂的优点，具有比重小、强度高、耐高温、耐腐蚀、耐电绝缘、隔声、隔热等性能。

图 2.1.13　玻璃钢管

玻璃钢管的公称直径为 $20\sim1000mm$，常温下最高工作压力为 2.5MPa，最高工作温度为 $150℃$。常见的公称直径（内径）

有：DN150、DN200、DN250、DN300、DN350、DN400、DN500、DN600、DN700、DN800、DN900、DN1000、DN1200、DN1400、DN1600、DN1800、DN2000、DN2200、DN2400、DN3000、DN3600、DN4000；工作压力等级 P 为 0.1MPa、0.25MPa、0.6MPa、1.0MPa、1.6MPa、2.0MPa、2.5MPa；采用如图2.1.14所示的方法连接。

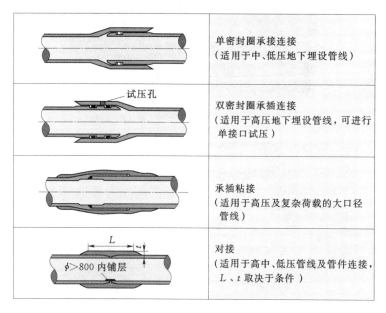

图2.1.14　钢塑复合管的连接方法

5. 混凝土管与钢筋混凝土管

混凝土管与钢筋混凝土管（见图2.1.15），可在专门的工厂预制，也可在现场浇制。混凝土管与钢筋混凝土管有三种形式，即承插式（见图2.1.16）、企口式、平口式。

混凝土管的管径一般不超过600mm，长度不大于1m。为了抵抗外压力，当直径大于400mm时，一般配加钢筋制成钢筋混凝土管，其长度在1～3m。各种混凝土管与钢筋混凝土管的规格，详见《给水排水设计手册》（第12册）（中国建筑工业出版

图 2.1.15 钢筋混凝土管

图 2.1.16 钢筋混凝土管承插连接

社，2003 年）中的离心成型混凝土和钢筋混凝土排水管部分。

混凝土管与钢筋混凝土管可就地取材，制造方便，而且可根据抗压的不同要求制成无压管、低压管、预应力管等，因此在排水管道系统中得到了普遍应用。混凝土管与钢筋混凝土管除用作一般自流排水管道外，钢筋混凝土管也可用作泵站的压力管及倒虹管。它们的主要缺点是：耐酸、碱性及抗渗性能较差，管节短，接头多，施工复杂。因此，在地震烈度高于8度的地区及饱和松砂、淤泥土质、冲填土、杂填土的地区不宜敷设混凝土管与钢筋混凝土管。此外，大管径自重大，搬运不便。

2.1.3 塑料管

塑料管具有优良的化学稳定性，耐腐蚀，不受酸、碱、盐、油类等物质的侵蚀；安装方便，连接可靠，质轻，比重仅为钢的1/5。塑料管管壁光滑，容易切割，并可制成各种颜色，尤其是代替金属管材可节省金属。塑料管的直径用公称直径"DN"表示，单位为 mm（如 $DN50$）；也可用公称外径（dn 或 de）表示。

1. 硬聚氯乙烯（PVC-U）给水管

硬聚氯乙烯（PVC-U）给水管（见图 2.1.17）常见的公称

图 2.1.17　硬聚氯乙烯（PVC-U）给水管

外径有：$dn63$、$dn75$、$dn90$、$dn110$、$dn125$、$dn160$、$dn200$、$dn225$、$dn250$、$dn315$、$dn355$、$dn400$、$dn450$、$dn500$、$dn630$、$dn710$、$dn800$；宜采用公称压力等级 PN 为 1.00MPa、1.25MPa、1.60MPa 的产品；管材线膨胀系数为 0.07mm/(m·℃)；橡胶圈承插式柔性连接。

2. 聚乙烯（PE）给水管

聚乙烯（PE）给水管（见图 2.1.18）常见的公称外径有：$dn63$、$dn75$、$dn90$、$dn110$、$dn125$、$dn140$、$dn160$、$dn180$、$dn200$、$dn225$、$dn250$、$dn280$、$dn315$、$dn355$、$dn400$、$dn450$、$dn500$、$dn560$、$dn630$、$dn710$、$dn800$；系统工作压力 $P_s \leqslant 0.6$MPa；宜采用 S6.3 或 S5 系列，管材线膨胀系数为 0.20mm/(m·℃)；$dn \geqslant 63$ 时采用对接热熔连接（见图 2.1.19）、$dn \leqslant 160$ 时采用电熔连接、$dn > 160$ 时采用法兰连接。聚乙烯给水管热熔连接现场施工图见图 2.1.19。

图 2.1.18 聚乙烯（PE）给水管

3. 氯化聚氯乙烯（PVC-C）给水管

氯化聚氯乙烯（PVC-C）给水管（见图 2.1.20）常见的公称外径有：$dn20$、$dn25$、$dn32$、$dn40$、$dn50$、$dn63$、$dn75$、$dn90$、$dn110$、$dn125$、$dn140$、$dn160$；多层建筑可采用 S6.3

图 2.1.19　聚乙烯（PE）给水管热熔连接

系列，高层建筑应采用 S5 系列（给水主干管及泵房配管不宜采用）；室外埋地管道工作压力，$P_s \leqslant 1.0$MPa 时可采用 S6.3 系列，$P_s > 1.0$MPa 时应采用 S5 系列；管材线膨胀系数为 0.06mm/(m·℃)；连接采用胶黏、承插式连接。

图 2.1.20　氯化聚氯乙烯（PVC-C）给水管

4. 耐热聚乙烯（PE-RT）给水管

耐热聚乙烯（PE-RT）给水管，其常见的公称外径有：$dn20$、$dn25$、$dn32$、$dn40$、$dn50$、$dn63$、$dn75$、$dn90$、$dn110$、

dn125、dn140、dn160；系统工作压力 $P_s \leqslant 0.6$MPa 时宜采用 S6.3 或 S5 系列；管材线膨胀系数为 0.20mm/(m·℃)；采用电熔连接、热熔连接。

5. 无规共聚聚丙烯（PP-R 给水管）

无规共聚聚丙烯（PP-R）给水管（见图 2.1.21），其常见的公称外径有：dn20、dn25、dn32、dn40、dn50、dn63、dn75、dn90、dn110；系统工作压力，$P_s \leqslant 0.6$MPa 时宜采用 S3.2 系列，$0.6 < P_s \leqslant 0.8$MPa 时宜采用 S2.5 系列，$0.8 < P_s \leqslant 1.0$MPa 时宜采用 S2 系列；管材线膨胀系数为 0.14~0.16mm/(m·℃)；采用热熔连接。

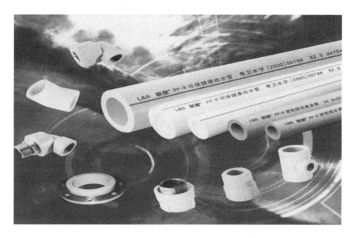

图 2.1.21　无规共聚聚丙烯（PP-R）给水管

6. 丙烯腈-丁二烯-苯乙烯（ABS）工程塑料给水管

丙烯腈-丁二烯-苯乙烯（ABS）工程塑料给水管（见图 2.1.22），其常见的公称外径有：dn20、dn25、dn32、dn40、dn50、dn63、dn75、dn90、dn110、dn125、dn140、dn160、dn180、dn200、dn225、dn250、dn280、dn315、dn355、dn400；管材线膨胀系数为 0.11mm/(m·℃)；连接采用胶黏、承插式、法兰连接。

图 2.1.22　丙烯腈-丁二烯-苯乙烯（ABS）工程塑料给水管

2.2　常用管件

管件是管路中的重要零件，它起着连接管子、改变管路走向、接出支管和封闭管路的作用。现将各种常用的管件（见图2.2.1～图2.2.3）介绍如下。

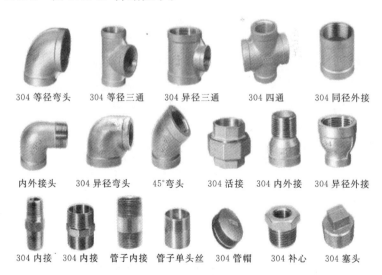

304 等径弯头	304 等径三通	304 异径三通	304 四通	304 同径外接
内外接头	304 异径弯头	45°弯头	304 活接	304 内外接	304 异径外接
304 内接	304 内接	管子内接	管子单头丝	304 管帽	304 补心	304 塞头

图 2.2.1　金属管材螺纹连接管件

图 2.2.2　塑料管材连接管件

图 2.2.3　金属管材卡箍连接管件

1. 弯头

弯头是指管道转向处的管件，有以下几种类型。

（1）异径弯头：两端直径不同的弯头。

（2）长半径弯头：弯曲半径等于 1.5 倍管子公称直径的弯头。

（3）短半径弯头：弯曲半径等于管子公称直径的弯头。

（4）45°弯头：使管道转向 45°的弯头。

（5）90°弯头：使管道转向 90°的弯头。

（6）180°弯头：（回弯头）使管道转向 180°的弯头。

2. 三通

三通是指可连接三个不同方向管道的呈 T 形的管件，有以下几种类型：

（1）等径三通：直径相同的三通。常用 T（S）表示。如 $DN600-L360\ T（S）$、$DN1000-L450T（S）$。

（2）异径三通：直径不相同的三通。常用 T（R）表示。如 $DN1000×1000×850-L450T（R）$、$DN600×600×400-L360T（R）$。

3. 四通

四通是指可连接四个不同方向管道的呈十字形的管件。

（1）等径四通：直径相同的四通。

（2）异径四通：直径不同的四通。

4. 异径管接头

异径管接头（大小头）是指连接两端直径不同的直通管件。

（1）同心异径管接头：（同心大小头）两端直径不同但中心线重合的接头。

（2）偏心异径管接头：（偏心大小头）两端直径不同、中心线不重合、一侧平直的管接头。

5. 管箍

管箍是指用于连接两根管段的、带有内螺纹或承口的管件。

（1）双头螺纹管箍：两端均有螺纹的管箍。

（2）单头螺纹管箍：一端有螺纹的管箍。

（3）双承口管箍：两端均有承括的管箍。

（4）单承口管箍：一端有承口的管箍。

6. 内外螺纹接头

内外螺纹接头（内外丝）是指用于连接直径不同的管段，小端为内螺纹、大端为外螺纹的管接头。

7. 活接头

活接头是指由几个元件组成的用于连接管段，便于装拆管道上其他管件的管接头。

8. 管堵

管堵（丝堵）是指用于堵塞管子端部的外螺纹管件，有方头管堵、六角管堵等。

9. 管帽

管帽（封头）是指用于管子端部焊接或螺纹连接的帽状管件。

2.3 法兰与垫片

2.3.1 法兰

法兰（见图 2.3.1）是管道系统中可拆卸的连接部件，用于连接管子、设备等的带螺栓孔的突缘状元件，有以下几种类型。

图 2.3.1 金属法兰连接

（1）平焊法兰：指需将管子插入法兰内圈焊接的法兰（见图2.3.2）。

（2）对焊法兰：指带颈的、有圆滑过渡的、与管子对焊连接的法兰（见图2.3.3）。

图 2.3.2　平焊法兰　　　　图 2.3.3　对焊法兰

（3）承插焊法兰：指带有承口的、与管子承插焊连接的法兰（见图2.3.4）。

图 2.3.4　承插焊法兰　　　　图 2.3.5　螺纹法兰

（4）螺纹法兰：指带有螺纹、与管子螺纹连接的法兰（见图2.3.5）。

（5）松套法兰：指活套在管子上的法兰，与翻边短节组合使用（见图2.3.6）。

（6）特殊法兰：指非圆形的法兰，如菱形法兰、方形法兰（见图2.3.7）。

图 2.3.6 松套法兰

图 2.3.7 方形法兰

（7）异径法兰（大小法兰）：指与标准法兰连接，但接管公称直径小于该标准法兰接管公称直径的法兰。

（8）平面法兰：指密封面与整个法兰面为同一平面的法兰。

（9）凸台面法兰（光滑面法兰）：指密封面略高出整个法兰面的法兰。

（10）凹凸面法兰：一对法兰，其密封面，一个呈凹形，一个呈凸形。

（11）榫槽面法兰：一对法兰，其密封面，一个有榫，一个有与榫相配的槽（见图2.3.8）。

图 2.3.8 榫槽面法兰

图 2.3.9 法兰盖

（12）环连接面法兰：法兰的密封面上有一环槽。

（13）法兰盖（盲法兰）：与管道端法兰连接，将管道封闭的圆板（图 2.3.9）。

2.3.2 垫圈

垫圈是指垫在连接件与螺母子间的零件，一般为扁平的金属环。

2.3.3 垫片

垫片是指为防止流体泄漏设置在静密封面之间的密封元件（见图 2.3.10），有以下几种类型。

图 2.3.10 橡胶垫片

（1）非金属垫片：指用石棉、橡胶、合成树脂等非金属材料制成的垫片。

（2）非金属包垫片：指在非金属垫外包一层合成树脂的垫片。

（3）半金属垫片：指用金属和非金属材料制成的垫片，如缠绕式垫片，金属包垫片等。

（4）缠绕式垫片：指由 V 形或 W 形断面的金属带夹非金属带螺旋缠绕而成的垫片。

1）内环：设置在缠绕式垫片内圈的金属环。

2）外环：设置在缠绕式垫片外圈的金属环。

（5）金属垫片：指用钢、铜、铝、镍或蒙乃尔合金等金属制成的垫片。

（6）金属包垫片：指在非金属内芯外包一层金属的垫片。

2.4　常用辅材

在管道安装施工中，除了用管材、管件外，还需用密封材料、防腐材料、绝热（保温）材料及各种型钢，这些材料通称为管道施工辅助材料，简称为辅材。

2.4.1　密封材料

在管道安装施工中，起密封作用的材料有以下几种。

1．麻丝

管道工程中常用的麻丝有亚麻、线麻、油麻等。其中，亚麻的纤维细而长，强度较高，最适宜作管子螺纹连接的填充材料；线麻次于亚麻；油麻是将亚麻或线麻用油浸透后阴干制作而成，它用于铸铁管道承插口连接的第一层填料。

2．石棉绳

常用的石棉绳有两种，即普通石棉绳、石墨石棉绳，均为成型规格产品。普通石棉绳用于阀门填料和根母、锁母等处填料，较粗的石棉绳可用于小型锅炉及水箱的人孔垫及手术垫；石墨石棉绳主要用于做盘根。

3．橡胶板与石棉橡胶片

橡胶板富有弹性，有很好的防水性，可用作法兰垫片、活接垫片；耐热橡胶板可用作低温热水采暖系统的各种垫片。

石棉橡胶片具有耐热的特点，用作蒸汽管道系统中法兰垫片、活接垫片、小型锅炉人孔垫片、手孔垫片。石棉橡胶片有高压、中压和低压三种；从其颜色来分，高压石棉橡胶板呈深褐色，中压呈浅褐色，低压呈白色。

4. 铅油、铅粉

铅油有多种，常用的是白铅油又称为白厚漆，螺纹连接时用作涂料，增强连接的严密性。当铅油过稠时，可加入少量机油调稀后使用。

铅粉又称为石墨粉，具有性滑的特点，用机油调成糊状后涂于法兰垫片上，不仅可以增强连接的严密性，而且在需要更换垫片时也容易拆卸。

5. 聚四氟乙烯生料带

聚四氟乙烯生料带是用聚四氟乙烯树脂与一定量的助剂相混合辗制而成的。一般其厚度为 0.1mm，宽度大于 30mm，长度为 1~5m。因未经过烧结工序，故称为生料带（见图 2.4.1）。

图 2.4.1　聚四氟乙烯生料带

聚四氟乙烯生料带耐化学腐蚀性能良好，对于浓酸、浓碱、强氧化剂，即使在高温下也不发生作用。它的热稳定性能良好，工作温度高，能长期用作工作介质温度为 250℃ 的管道系统的密封材料。此外，它还具有耐低温的性能，也可用作工作介质温度为 −180℃ 的管道系统的密封材料。

聚四氟乙烯生料带已广泛用作管道施工中的密封填料，其工作温度为－180℃～＋250℃，适用的工作介质为一般介质及各种具有腐蚀性的介质。

6. 水泥

水泥用于管道接口、支架堵洞、防水层及设备基础等处。

常用的水泥为硅酸盐水泥，特殊情况下有时会用到膨胀水泥。硅酸盐水的标号有 200～600 号，一般用 400 号及 500 号水泥。水泥是水硬性胶结材料，与水拌和后能逐渐凝结和硬化。水泥的硬化与温度和湿度有关。水泥应存放在干燥处，以免受潮，降低标号。此外，对存放期限有明确要求，过期失效的水泥不得使用。

2.4.2　防腐及保温材料

为了保护管道免受空气氧化腐蚀，在施工中，首先要对管道外表面除锈刷油。在热力管道中，为了减少热量损失，还要对管道进行保温。常用的防腐及保温材料有以下几种。

1. 防锈漆

防锈漆的种类很多，常用的有红丹漆、铁红防锈漆、各种调合漆、青油、铅油等，其中红丹漆（见图 2.4.2）的防锈性能最好，但不宜作面漆使用。防锈漆过稠时，可用清漆或汽油进行稀释。

图 2.4.2　红丹防锈漆

图 2.4.3　银粉漆

2. 银粉漆

银粉漆是由银粉、清漆和汽油三种原料配制而成的，多用于面漆，采暖系统中的管道及散热系统中的管道、散热器均需涂刷银粉漆（见图2.4.3）。

3. 冷底子油

冷底子油是石油沥青和汽油按1：1的重量比配置的混合物，用于铸铁管道的防腐。

4. 沥青

沥青具有良好的黏结性、塑性、防水性及耐腐蚀性。常用的石油沥青和焦油沥青两种。石油沥青外观略呈黄色，燃烧时无烟无色，有石油味，无刺激性气味；焦油沥青外观呈黑色，加热时有特殊臭味。这两种沥青不能混合使用，以免沉淀变质。

石油沥青具有较好的黏结性，一般用于粘接材料。焦油沥青具有较高的防水性及耐腐蚀性，广泛应用于埋地管道的防腐。

5. 保温材料

常用的保温材料有石棉、矿渣棉、泡沫混凝土、石棉硅藻土、蛭石、泡沫塑料、玻璃棉、软木等。这些材料的成品形式有粉粒状的、纤维状的，也有毡状和瓦状等（见图2.4.4）。

常用的保护层材料有沥青油毡、玻璃丝布和石棉、水泥等。

(a)聚乙烯泡沫塑料　　　　　　(b)聚氨酯泡沫塑料

图2.4.4（一）　几种保温材料

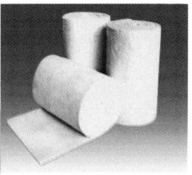

（c）玻璃棉保温材料 　　　　　　（d）蛭石保温材料

图 2.4.4（二）　几种保温材料

2.4.3　型钢材料

管道施工中常用的型钢有圆钢、扁钢、角钢、槽钢、工字钢、钢板等。

1. 圆钢

圆钢用于制作管道的吊杆和拉杆、U 形卡子等。常用的圆钢直径为 5～30mm，小圆钢也有卷成盘状的，一般用 Q235A、Q245A、Q235B、Q245B、35 号及 45 号钢制造（见图 2.4.5）。

图 2.4.5　圆钢 　　　　　　图 2.4.6　扁钢

2. 扁钢

扁钢用于制作吊环、卡环、活动支架等。扁钢一般用

Q235A、Q245A、Q235B、Q245B、35号及45号钢以及16Mn钢等材料制造。规格以宽度×厚度来表示，常用的扁钢规格为20×4~60×6（mm×mm），长度为3~9m（见图2.4.6）。

3. 角钢

角钢（见图2.4.7）分为等边角钢和不等边角钢两种，用作管道支架。角钢一般用Q245A钢及锰合金制造。等边角钢的规格用角钢外边宽×厚道表示；不等边角钢的规格用一外边宽×另一外边宽×厚度表示。常用规格为25×4~70×6（mm×mm），长度为3~19m。

4. 槽钢、工字钢

槽钢（见图2.4.8）和工字钢用作管道支架，槽钢、工字钢一般用Q245A、Q245AF、Q245BF等钢制造。规格以它们的高度表示，例如10号槽钢，其高度为10cm。常用槽钢、工字钢的规格为8~22号，长度为5~19m。

图 2.4.7 角钢

图 2.4.8 槽钢

5. 钢板

钢板用于制作容器和法兰等。钢板用Q245A、Q245AF钢及16Mn钢等材料制造，其规格用厚度表示，常用的厚度为0.5~30mm。

2.5 管材的选用

在管道工程中，根据管内介质的性质、温度和压力选用管材，较为可靠的方法是通过强度计算来实现。

2.5.1 管材选用的原则

在管道工程的施工中，合理的选用管材，是保证工程质量、降低工程成本的关键。管材选用的原则是：既能满足使用要求、又要经济合理。

2.5.2 管材选用的依据

选择管材的主要依据是管内介质的性质、温度和压力温度。管材选用时，首先须满足管内介质的压力和温度的要求，然后再根据管内介质的性质决定选用什么样的管材。

1. 根据不同工作压力和温度选用管材

根据不同介质的工作压力和温度选用管材时，在不同的温度条件下，随着输送介质温度的升高，工作压力就会相应降低，因此，选用管材时应注意不同介质温度下管材的工作压力值，以确保管道的安全运行。

2. 根据管内输送介质的性质选用管材

根据管内输送的介质的性质选用管材时，取决于介质对管材的影响，如腐蚀、磨损等。只有管材能够抵抗介质对其影响时，才能保证管道安全可靠的运行。常用介质管材的选用见表2.5.1，常用中、低压管材的使用范围见表2.5.2。

从表2.5.2中可以得出以下几点：

（1）对于输送中性的液体、气体（即不呈酸性、碱性的液体、气体），如自来水及采暖系统的热水、蒸汽、蒸汽冷凝水、工作压力不超过0.8MPa的压缩空气等介质以及公称直径不大于50mm的煤气管道或天然气管道等，一般采用低压流体输送钢管；对于输送压力较高、严密性强的液体、气体管道，如氨制冷管、压缩空气管、氧气管、乙炔管、氢气管、蒸气管及油管等，一般采用无缝钢管。

表 2.5.1 　　常用介质管材选用表

管道种类	室内或室外	公称压力/MPa	公称直径 DN/mm													
			15	20	25	32	40	50	70	80	100	125	150	200	300	300以上
给水	室内	$P_g \leqslant 1.0$	不宜使用			镀锌钢管						给水铸铁管				
	室外															
蒸汽	室内	$P_g \leqslant 0.6$				无缝钢管										
		$P_g > 0.6$														
	室外	$P_g \leqslant 1.3$	不宜使用													
凝水	室内	$P_g \leqslant 0.8$				水煤气管						螺旋电焊管				
	室外		不宜使用													

表 2.5.2 　　常用中、低压管材的使用范围

序号	管子名称	管子标准号	公称直径/mm	材质标号	推荐使用温度/℃	用途
1	螺旋缝电焊钢管	SYB 10004-700	200~700	Q245A	−15~300	一般用于输送 $PN<1.6MPa$ 的中性液体、气体的管道，如自来水管、采暖系统的热水管、蒸汽管、凝结水管、低压压缩空气管、煤气管或天然气管
				16Mn	−40~450	
2	直缝电焊钢管		200~1200	Q245A	<300	一般用于输送 $PN<1.6MPa$ 的中性液体、气体的管道。对一般无腐蚀介质，$DN=200~700mm$ 时尽量采用螺旋缝电焊钢管，$DN>700mm$ 时用直缝电焊钢管
				10	200~475	
				20	200~475	
				20g	−20~475	
3	水煤气钢管	YB 234-13	10~150	软钢	0~200	用于输送中性液体、气体的管道。普通管压力 $PN<1.0MPa$，加强管压力 $PN<1.6MPa$
4	中低压无缝钢管	YB 231-70	10~600	10	−40~475	用于输送压力较高、严密性强的中性液体、气体的管道，如蒸汽管、氨制冷管、压缩空气管、氨气管、乙炔管及油管等
				20	−20~475	
				16Mn	−40~475	

序号	管子名称	管子标准号	公称直径/mm	材质标号	推荐使用温度/℃	用途
5	高温用无缝钢管	规格按YH 231-70 材质按YB 13-69 或YB 569-70	50~500	15MnV	−20~475	用于高温状态下的中性液体、气体管道
				12MnMoV	−20~300	
				12MoVWBSiRe	400~580	
				12CrMoVA	350~580	
6	低温用无缝钢管	YB 231-70	10~600	10	0~−40	用于低温状态下的中性液体、气体管道
				20	0~−20	
				16Mn	−20~−40	
				09Mn2V	−41~−70	
				06AlNbCuN	−71~−120	
				20Mn23Al	−121~−196	
				15Mn26Al4	−197~−253	
		YB 447-64	5~35	紫铜	−196	
7	不锈、耐酸无缝钢管	YB 804-70	10~200	1Cr13	−20~600	用于酸类、碱类、盐类、碳氢化合物及有机溶剂等介质
				1Cr18Ni9Ti	−196~700	
				Cr18Ni13Mo2Ti	−196~700	
				Cr18Ni13Mo3Ti	−196~700	
				Cr17Mn13Mo2N	~200	
				Cr18Mn8Ni5N	−196~600	
				Cr18Mn10Ni5	−196~700	
				Mo2N(204+Mo)Cr5Al7NbNi	50	耐浓硝酸
				LO2	<150	
				L2	<150	
				L4	<150	
8	铜管	YB 447-70	5~156	T_2、T_3、T_4、TUP	<250	冷冻、空调装置的低温管道和仪表管道,在液压系统和换热设备中也广泛采用

（2）对于具有腐蚀性的酸、碱性液体和气体，随着浓度的不同，采用不同材质的管道。如输送浓度为 15％～65％ 的硫酸、干（湿）二氧化硫、60％ 的氢氟酸、浓度小于 80％ 的醋酸，可采用铅或铅合金管道，且这种管道只能在无压和低温下使用。

2.6　常用阀门

2.6.1　阀门及其类型的划分

阀门由阀体、阀瓣、阀盖、阀杆及手轮等组成。在各种管道系统中，起开启、关闭及调节流量、压力等作用。阀门的种类很多，常见的有以下几种划分。

1. **按其动作特点划分**

闸门按其动作特点可分为驱动阀门和自动阀门两大类。

（1）驱动阀门：指用人工操纵或其他动力操纵的阀门。如闸阀、截止阀等。

（2）自动阀门：指依靠介质本身的流量、压力或温度参数的变化而自行动作的阀门。如止回阀、安全阀、浮球阀、减压阀等。

2. **按制造材料划分**

阀门按制造材料性质可分为金属门和非金属阀门两大类。

（1）金属阀门由铸铁、钢、铜制造。

（2）非金属阀门由塑料制造。

3. **按工作压力划分**

阀门按工作压力大小可分为低压阀、中压阀、高压阀、超载高压阀。

（1）低压阀：≤1.6MP。

（2）中压阀：2.5～6.4MP。

（3）高压阀：≥10MP。

（4）超载高压阀：≥100MP。

2.6.2　一些常用的阀门

在给水排水和道工程中，常用的阀门多为低压阀门。

1. 闸阀

闸阀，其启闭件为闸板，是由阀杆带动，沿阀座密封面做升降运动的阀门。闸阀在管路上起开启和关闭作用。它的主要启闭零件是闸板和阀座。闸板平面与流体流向垂直，改变闸板与阀座间的相对位置，即可改变流通截面大小，从而改变流体的流速或流量。为了保证关闭的严密性，闸板与阀座间经研磨配合，或在闸板与阀座上装设耐磨、耐腐蚀的金属密封圈。

按闸板阀的结构形式不同划分，可分为锲式闸阀和平行式闸阀。按启闭时阀杆的运动情况划分，可分为明杆闸阀（见图2.6.1）和暗杆闸阀见图2.6.2。

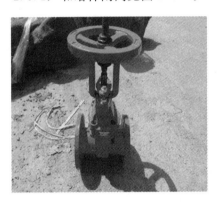

图 2.6.1　明杆闸阀

图 2.6.2　暗杆闸阀

闸阀的特点是：结构复杂，尺寸较大，价格较高；流体阻力最小；开启缓慢，无水锤现象；易于调节流量，但闭合面磨损较快，研磨修理较难。

闸阀主要用于给水管路，也可用于压缩空气、真空管路，但不适合用于介质含沉淀物的管路

2. 截止阀

截止阀，在管路上主要起开启和关闭作用。它的主要启闭零件是阀盘和阀座。当改变阀盘与阀座间的距离时，即可改变流通截面的大小，从而改变流体的流速。阀盘与阀座间经研磨配合或

装设密封圈，使二者密封面严密贴合。阀盘的位置由阀杆来控制，阀杆顶端有手轮，中部有螺纹及填料函密封段，以保护阀杆免受外界腐蚀。为了防止阀内介质沿着阀杆流出，可用压紧填料进行密封。

截止阀按结构形式划分，可分为标准式截止阀（见图2.6.3）和角式截止阀（见图2.6.4）。

图2.6.3 标准式截止阀   图2.6.4 角式截止阀

截止阀的特点是：操作可靠，易于调节；结构复杂，价格较贵；阻力较大，启闭缓慢。

3. 球阀

球阀，其启闭件为球体，是绕垂直于通路的轴线转动的阀门，如图2.6.5所示。

4. 蝶阀

蝶阀，其启闭件为蝶板，是绕固定轴转动的阀门，如图2.6.6所示。

图 2.6.5　球阀

图 2.6.6　蝶阀

5. 隔膜阀

隔膜阀，其启闭件为隔膜，是由阀杆带动，沿阀杆轴线做升降运动，并将动作机构与介质隔开的阀门，如图 2.6.7 所示。常用的隔膜阀按材质划分，可分为铸铁隔膜阀、铸钢隔膜阀、不锈钢隔膜阀、塑料隔膜阀。

隔膜阀是一种特殊形式的截断阀，它的启闭件是一块用软质材料制成的隔膜，把阀体内腔与阀盖内腔及驱动部件隔开。隔膜阀是一个弹性、可扰的膜片，用螺栓连接在压缩件上。压缩件由阀杆操纵而上下移动：当压缩件上升，膜片即高举形成通路；当压缩件下降，膜片就压在阀体堰上（假设为堰式阀）或压在轮廓的底部（假设为直通式）而关闭管路。隔膜阀适合作开关及节流之用。

图 2.6.7　隔膜阀

由于隔膜阀本身结构设计的原因，非常适合于超纯介质或污染严重且十分黏稠的液体、气体、腐蚀性或惰性介质。与控制设备相结合时，隔膜阀可以取代其他传统控制系统。隔膜阀特别适用于输送具有腐蚀性和黏性的流体，例如泥浆等。

隔膜阀按结构形式划分，可分为屋式、直流式、截止式、直通式、闸板式和直角式六种；连接形式通常为法兰连接。

隔膜阀按驱动方式划分，可分为手动、电动和气动三种，其中气动驱动又可分为常开式、常闭式和往复式三种。

6．旋塞阀

旋塞阀，其启闭件呈塞状，是绕其轴线转动的阀门，如图

2.6.8 所示。

图 2.6.8 旋塞阀

旋塞阀是关闭件或柱塞形的旋转阀，通过旋转 90°使阀塞上的通道口与阀体上的通道口相同或分开，实现开启或关闭的一种阀门。旋塞阀阀塞的形状可成圆柱形或圆锥形。在圆柱形阀塞中，通道一般为矩形；在锥形阀塞中，通道为梯形。这些形状使旋塞阀的结构变得轻巧，但同时也产生了一定的损失。旋塞阀最适用于切断或接通介质以及分流介质，然而根据适用的性质和密封面的耐冲蚀性，有时也可用于节流。

7. 止回阀

止回阀是启闭件靠介质流动和力量自行开启或关闭，以防止介质倒流的阀门。止回阀属于自动阀类，主要用于介质单向流动的管道，只允许介质朝一个方向流动，以防止事故的发生。

（1）止回阀的划分：按结构划分，可分为升降式止回阀（见图 2.6.9）、旋启式止回阀（见图 2.6.10）和蝶式止回阀（见图 2.6.11）三种。

（2）止回阀的安装应注意以下事项：

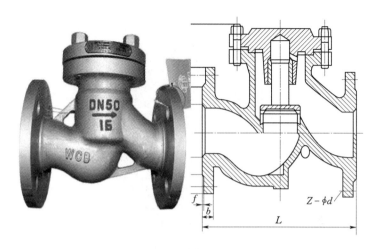

图 2.6.9 升降式止回阀

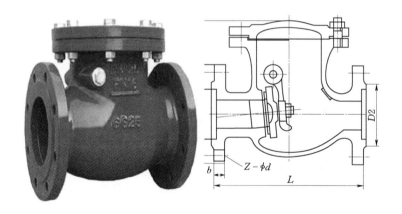

图 2.6.10 旋启式止回阀

1）在管线中不要使止回阀承受重量，大型的止回阀应独立支撑，使之不受管道系统产生的压力的影响。

2）安装时，应注意介质流动的方向应与阀体所标箭头方向一致。

3）升降式垂直瓣止回阀，应安装在垂直管道上。

图 2.6.11　蝶式双瓣止回阀

4）升降式水平瓣止回阀，应安装在水平管道上。

（3）止回阀的选择：

1）蝶式双瓣止回阀：适用于高层建筑给水管网、具有一定化学腐蚀性介质管网、安装空间有限制的管网，也适用于污水管网。

2）升降式静音止回阀：适用于给排水工程质量要求高的管网、压力要求相对高的管网（$PN2.5MPa$），可安装在泵的出口处，是经济实用的防水锤止回阀。

3）升降式消声止回阀：适用于给排水系统、高层建筑管网，可安装在泵的出口处，结构稍加改动，即可作为吸水底阀使用，但不适用于污水管网。

4）卧式止回阀：适用于潜水、排水、排污泵，特别适用于污水和污泥系统。

5）旋启式橡胶止回阀：适用于生活用水管网，但不适用于沉积物多的污水。

6）旋启单瓣止回阀：适用于给水系统，特别是石油、化工、冶金等工业部门对安装空间有限制的场所最为适用。

8. 安全阀

安全阀是一种安全保护用阀，它的启闭件在外力作用下处于常闭状态。当设备或管道内的介质压力升高，超过规定值时自动开启，通过向系统外排放介质来防止管道或设备内介质压力超过规定数值。安全阀属于自动阀类，主要用于锅炉、压力容器和压力管道，控制压力不超过规定值，对人身安全和设备运行起重要的保护作用。

（1）安全阀的划分：安全阀结构主要有两大类：弹簧式（见图2.6.12）和杠杆式（见图2.6.13）。弹簧式是指阀瓣与阀座的密封依靠弹簧的作用力；杠杆式是靠杠杆和重锤的作用力。

随着大容量的需要，又有一种脉冲式安全阀，又称为先导式安全阀（见图2.6.14），由主安全阀和辅助阀组成。当管道内介质压力超过规定压力值时，辅助阀先开启，介质沿着导管进入主安全阀，并将主安全阀打开，使介质的压力降低。

图 2.6.12 弹簧式安全阀

图 2.6.13 杠杆式安全阀

图 2.6.14 先导式安全阀

安全阀的排放量取决于阀座的口径与阀瓣的开启高度，也可分为两种：微启式开启高度是阀座内径的 $1/15\sim1/20$，全启式是 $1/3\sim1/4$。

此外，随着使用要求的不同，又分为封闭式和不封闭式。封闭式即排出的介质不外泄，全部沿着规定的出口排出，一般用于有毒和有腐蚀性的介质。不封闭式一般用于无毒或无腐蚀性的介质。

（2）安全阀的安装及设置要求：

1）容器内有气、液两相物料时，安全阀应装设在气相部分。

2）安全阀用于泄放可燃液体时，安全阀的出口应与事故储罐相连。当泄放的物料是高温可燃物时，其接收容器应有相应的防护设施。

3）一般安全阀可就地放空，放空口应高出操作人员 1m 以上，且不应朝向 15m 以内的明火地点、散发火花地点及高温设备。室内设备、容器的安全阀放空口应引出房顶，并高出房顶 2m 以上。

4）当安全阀入口有隔断阀时，隔断阀应处于常开状态，并要加以铅封，以免出错。

5）安全阀与锅炉或压力容器之间的连接管和管件的通孔，其截面积不得小于安全阀的进口截面积。如果几个安全阀共用一个进口管道时，进口管道的流通截面积不小于安全阀的进口截面积之和。

6）安全阀与锅炉的汽包、联箱之间，一般不得装设截止阀门或取用蒸汽的引出管。安全阀与压力容器之间一般不宜装设截止阀门或其他引出管；对于盛装毒性程度为极高、高度、中度危害，或易燃或有腐蚀性、黏性介质或贵重介质的压力容器，经使用单位主管压力容器的技术负责人批准，并制定出可靠的防范措施，方可在安全阀与压力容器之间装设截止阀。在压力容器正常运行期间，截止阀必须保持全开，加铅封或锁定。截止阀的结构和通径，不得妨碍安全阀的安全泄放。

7）采用螺纹连接的弹簧式安全阀，要与带有螺纹的短管相连接。

8）安全阀必须装设排放管。排放管要尽量避免曲折和急转弯，以尽量减少阻力。排放管要直通安全地点，并有足够的流通截面积，保证排汽畅通。对于相互作用能产生化学反应的安全阀，不能共享一根排放管；当安全阀装设在有腐蚀性、可燃气体的设备上，排放时还应采取防腐蚀或防着火爆炸措施；当装设安全阀的设备内为有毒介质，且该介质的蒸汽密度大于空气密度时，从安全阀排出的介质及蒸汽要引到密闭的系统中，并从封闭系统回收到生产中使用。

9）安全阀排放管要固定，以免安全阀产生过大的附加应力或引起振动。

10）露天装设的安全阀，要有防止气温低于0℃时阀内介质所含水分结冰而影响安全阀排放的可靠措施。

11）安全阀介质结晶温度高于最低环境温度时，安全阀必须设有保温夹套，并装设保温吹扫蒸汽，以防止介质结晶堵塞安全阀，影响安全阀的正常动作性能。安全阀的进出口管道，也必须带有蒸汽保温夹套管，以防止介质结晶堵塞管道。

9. 减压阀

减压阀，是通过启闭件（阀瓣）的节流，将介质压力降低，并借阀后压力的直接作用，使阀后压力自动保持在一定范围的阀门。

减压阀是一种自动降低管路工作压力的专门装置，它可将阀前管路较高的水压减少至阀后管路所需的水平。减压阀广泛用于高层建筑、城市给水管网水压过高的区域、矿井及其他场合，以保证给水系统中各用水点获得适当的服务水压和流量。鉴于水的漏失率和浪费程度几乎与给水系统的水压大小成正比，因此，减压阀具有改善系统运行工况和潜在节水作用，据统计，其节水效果约为30%。

（1）减压阀的划分：减压阀类型很多，以往常见的有薄膜式

（见图 2.6.15）、内弹簧活塞式（见图 2.6.16）、组合式、定比减压式（见图 2.6.17）。

图 2.6.15　薄膜式减压阀

图 2.6.16　内弹簧活塞式减压阀

（2）减压阀的工作特点：定比减压原理是利用阀体中浮动活塞的水压比控制，进出口端减压比与进出口侧活塞面积比成反比。这种减压阀的主要特点是：工作平稳无振动；阀体内无弹簧，故无弹簧锈蚀、金属疲劳失效之虑；密封性能良好不渗漏，因而既减动压（水流动时）又减静压（流量为 0 时）；特别是在减压的同时不影响水流量。

图 2.6.17　定比减压式减压阀

（3）减压阀的安装应符合下列要求：

1）减压阀的安装应在供水管网试压、冲洗合格后进行。

2）减压阀安装前应进行检查：其规格型号是否与设计相符；

阀外控制管路及导向阀各连接件是否有松动；外观有无机械损伤，阀内有无异物，若有异物是否已清除干净。

3）减压阀水流方向应与供水管网水流一致。

4）应在进水侧安装过滤器，并宜在其前后安装控制阀。

5）可调式减压阀宜水平安装，阀盖应朝上。

6）比例式减压阀宜垂直安装；当水平安装时，单呼吸孔减压阀其孔口应朝下，双呼吸孔减压阀其孔口应呈水平状态。

7）安装自身不带压力表的减压阀时，应在其前后相邻部位安装压力表。

10. 自动排气阀

自动排气阀广泛应用于锅炉、暖通和给排水系统，是用来自动释放系统内多余的气体的阀门，一般安装在系统的最高点，结构多为浮筒式阀门（见图2.6.18）。

图 2.6.18　自动排气阀

自动排气阀安装要求如下：

（1）自动排气阀必须垂直安装，即必须保证其内部的浮筒处于垂直状态，以免影响排气。

（2）自动排气阀在安装时，最好跟隔断阀一起安装，这样当需要拆下排气阀时进行检修时，能保证系统的密闭，水不致外流。

（3）自动排气阀一般安装在系统的最高点，有利于提高排气效率。

2.6.3　阀门的压力-温度等级及型号识别

1. 阀门的压力-温度等级

阀门的最大允许工作压力随工作温度的升高而降低。压力-温度等级是阀门设计和选用的基准，在选用阀门时应特别注意。

目前我国阀门厂生产的高、中、低压阀门采用的 ANSI 美国国家标准。美制压力〔磅力/英寸² (lbf/in²) 有：150lb、200lb、300lb、400lb、600lb、900lb、1500lb、2500lb、3500lb。

公称压力有：1.0MPa、1.6MPa、2.0MPa、4.0MPa、5.0MPa、6.4MPa、6.8MPa、10.0MPa、15.0MPa、25.0MPa、42.0MPa、59.0MPa

2. 阀门型号

阀门型号编制方法主要参照 JB/T 308—1975 标准。由 7 个单元表示，按图 2.6.19 所示的顺序排列。

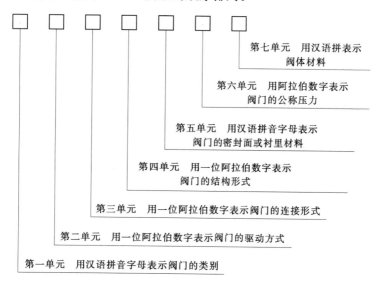

第七单元　用汉语拼表示阀体材料

第六单元　用阿拉伯数字表示阀门的公称压力

第五单元　用汉语拼音字母表示阀门的密封面或衬里材料

第四单元　用一位阿拉伯数字表示阀门的结构形式

第三单元　用一位阿拉伯数字表示阀门的连接形式

第二单元　用一位阿拉伯数字表示阀门的驱动方式

第一单元　用汉语拼音字母表示阀门的类别

图 2.6.19　阀门型号的编制方法

例如，Z940H-1.6C，其中，Z 表示闸阀；9 表示电动驱动；4 表示法兰连接；0 表示弹性闸板；H 表示密封面为不锈钢；1.6 表示公称压力为 1.6MPa；C 表示阀体材料为碳钢。

阀门型号表示时，当第二单元驱动方式为手轮手柄或扳手驱动或自动，可省略。当第七单元阀体材料为公称压力 $PN \leqslant$ 1.6MPa 的铸铁阀体或为公称压力 $PN \geqslant 2.5$MPa 的碳素钢阀体，可省略本单元。例如，J11H-1.0 表示截止阀，内螺纹连接，直通式，密封面为不锈钢，公称压力为 1.0MPa 的铸铁阀。式中第二单元、第七单元都省略了没写。

具体说明详见表 2.6.1～表 2.6.16。

表 2.6.1　　　　　　阀门类型与代号

阀门类型	代号	阀门类型	代号
安全阀	A	球阀	Q
蝶阀	D	疏水阀	S
隔膜阀	G	柱塞阀	U
止回阀	H	旋塞阀	X
截止阀	J	减压阀	Y
排污阀	P		

表 2.6.2　　　　　　阀门驱动方式与代号

驱动方式	代号	驱动方式	代号
电磁动	0	伞齿轮	5
电磁-液动	1	气动	6
电-液动	2	液动	7
蜗轮	3	气-液动	8
正齿轮	4	电动	9

表 2.6.3　　　　　　阀门连接形式与代号

连接形式	代号	连接形式	代号
内螺纹	1	对夹	7
外螺纹	2	卡箍	8
法兰	4	卡套	9
焊接	6		

表 2.6.4　　　　　　闸板阀结构形式与代号

结构形式	明杆						暗杆
		楔式		平行式			楔式
	弹性闸板	刚性					
		单闸板	双闸板	单闸板	双闸板	单闸板	双闸板
代号	0	1	2	3	4	5	6

表 2.6.5　　　　　截止阀和节流阀的结构形式与代号

结构形式	直通式	角式	直流式	平　衡	
				直通式	角式
代号	1	4	5	6	7

表 2.6.6　　　　　球阀的结构形式与代号

结构形式	浮动球			固定球
	直通式	三通式		直通式
代号	1	4	5	7

表 2.6.7　　　　　旋塞阀的结构形式与代号

结构形式	填料式			油封式	
	直通式	T形三通式	四通式	直通式	T形三通式
代号	3	4	5	7	8

表 2.6.8　　　　　蝶阀的结构形式与代号

结构形式	杆杠式	垂直板式	斜板式
代号	0	1	3

表 2.6.9　　　　　隔膜阀的结构形式与代号

结构形式	屋脊式	截止式	闸板式
代号	1	3	7

表 2.6.10　　　　　安全阀的结构形式与代号

结构形式	弹簧式								脉冲式
	封闭			不封闭					
	带散热片	微启式	全启式		带扳手			带控制机构	
	全启式			全启式	双弹簧微启式	微启式	全启式	全启式	
代号	0	1	2	0	3	7	8	5	6	9

64

表 2.6.11　　　止回阀和底阀的结构形式与代号

结构形式	升降		微启		
	直通式	立式	单瓣式	多瓣式	升瓣式
代号	1	2	4	5	6

表 2.6.12　　　减压阀的结构形式与代号

结构形式	薄膜式	弹簧薄膜式	活塞式	波纹管式	杆杠式
代号	1	2	3	4	5

表 2.6.13　　　疏水阀的结构形式与代号

结构形式	浮球式	钟形浮子式	脉冲式	热动力式
代号	1	5	8	9

表 2.6.14　　　阀门密封面或衬里材料与代号

密封面或衬里材料	代号	密封面或衬里材料	代号
铜合金	T	渗氮钢	D
橡胶	X	硬质合金	Y
尼龙塑料	N	衬胶	J
氟塑料	F	衬铅	Q
巴氏合金（锡基轴承合金）	B	搪瓷	C
不锈钢	H	渗硼钢	P

表 2.6.15　　　阀门的公称压力

阀门的公称压力有：0.1MPa、0.25MPa、0.6MPa、1.0MPa、1.6MPa、2.5MPa、4.0MPa、6.4MPa、10.0MPa、16.0MPa、20.0MPa、32.0MPa 这些等级。ANSI 标准有：150lb、200lb、300lb、400lb、600lb、900lb、1500lb、2500lb、3500lb。

表 2.6.16　　　　　　　　阀门的阀体材料与代号

阀体材料	代号	阀体材料	代号
灰铸铁（HT25－47）	Z	铜合金	T
可锻铸铁（KT30－6）	K	铬钼钢（Cr5Mo）	I
球墨铸铁（QT40－15）	Q	铬镍钛钢	P
高硅铸铁	G	铬镍钼钛钢	K
碳素钢（ZG2511）		铬钼钒钢	V

2.7　常用配水附件

建筑常用配水附件是安装在管道及设备上的具有开启和关闭或调节功能的装置。配水附件主要是用以调节和分配水流。常用配水附件如图 2.7.1 所示。

（1）球形阀式配水龙头：装设在洗涤盆、污水盆、盥洗槽上的水龙头均属此类。水流经过此种龙头因改变流向，故压力损失较大。如图 2.7.1（a）所示。

（2）旋塞式配水龙头：这种水龙头的优点是旋塞旋转 90°时，即完全开启，短时间可获得较大的流量。由于水流呈直线通过，其阻力较小。缺点是启闭迅速时易产生水锤。一般用于浴池、洗衣房、开水间等配水点处。如图 2.7.1（b）所示。

（3）盥洗龙头：装设在洗脸盆上，用于专门供给冷、热水。有莲蓬头式、角式、长脖式等多种形式。如图 2.7.1（c）所示。

（4）混合配水龙头：用以调节冷、热水的温度，如盥洗、洗涤、浴用等，式样较多。如图 2.7.1（d）、图 2.7.1（e）所示。

（5）电子自控水龙头如图 2.7.1（f）所示。

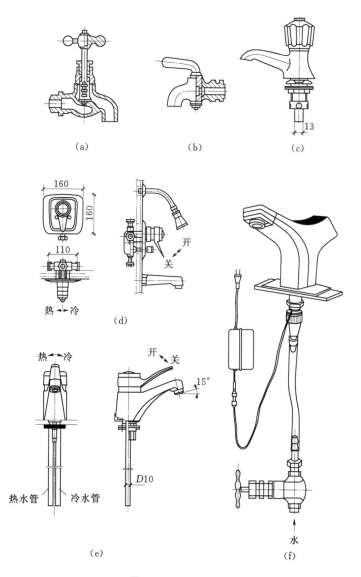

（a） （b） （c）

（d）

（e） （f）

图 2.7.1 配水附件

第3章 供水常用设备

室外给水管网的水压或流量经常或间断不足，有时不能满足室内给水要求，应设增压与调节设备；常用的设备有水箱、水泵等。

3.1 水箱及主要配管与附件

3.1.1 水箱的分类

根据不同用途，水箱可分为高位水箱、减压水箱、冲洗水箱等多种类型。其形状多为矩形和圆形，制作材料有钢板（包括普通、搪瓷、镀锌、复合与不锈钢板等）、钢筋混凝土、玻璃钢和塑料等。

3.1.2 主要配管与附件

这里主要介绍在给水系统中较广泛应用的且具有保证水压和储存、调节水量作用的高位水箱，其水箱及主要配管与附件如图3.1.1、图3.1.2所示。

1. 进水管

当水箱直接由室外给水管网进水时，为防止溢流，应在进水管出口设液压水位控制阀或浮球阀，并在进水管上设检修阀门。若采用浮球阀则一般不少于2个，浮球阀直径与进水管管径相同。从侧壁进入的进水管，其中心距箱顶应有150～200mm的距离。当水箱由水泵供水，并利用水位升降自动控制水泵运行时，可不设水位控制阀。

2. 出水管

出水管可从侧壁或底部接出，出水管内底或管口应高出水箱内底50mm以上，以防沉淀物进入配水管网。若进水、出水合

图 3.1.1　水箱

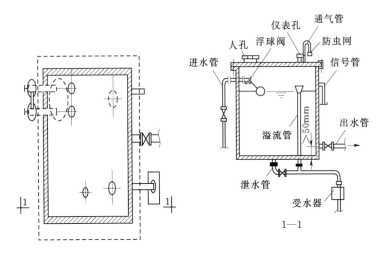

图 3.1.2　水箱及配管与附件示意图

用一根管道时，则应在出水管上设阻力较小的旋启式止回阀，止回阀的标高应低于水箱最低水位 1.0m 以上，以保证止回阀开启所需的压力。

3. 溢流管

水箱溢流管可从底部或侧壁接出，溢流管口应设在水箱设计最高水位 50mm 以上处，管径应比进水管大一级。溢流管上不允许设置阀门，出口应设网罩。

4. 水位信号装置

水位信号装置是反映水位控制阀失灵报警的装置。可在溢流管口下 10mm 处设信号管，其管径为 15～20mm。若水箱液位与水泵联锁，则应在水箱侧壁或顶盖上安装液位继电器或信号器，采用自动水位报警装置，并应保持一定的安全容积，即最高电控水位应低于溢流水位 100mm，最低电控水位应高于最低设计水位 200mm 以上。

5. 泄水管

水箱泄水管应自底部接出，用于检修或清洗时泄水。管上应设闸阀，其出口可与溢水管相接，但不得与排水系统直接相连，其管径为 40～50mm。

6. 通气管

供生活饮用水的水箱，当储量较大时，宜在箱盖上设通气管，以使箱内空气流通。通气管管径一般应在 50mm 以上，管口应朝下并设网罩。

7. 人孔

为便于清洗、检修，箱盖上应设人孔。

3.1.3 水箱的布置与安装

水箱一般设置在净高不低于 2.2m，有良好的通风、采光和防蚊蝇条件的水箱间内，其安装间距见表 3.1.1。

表 3.1.1 水箱的安装间距 单位：m

水箱形式	水箱至墙面距离		水箱之间的净距	水箱顶至建筑结构最低点的距离
	有阀侧	无阀侧		
圆形	0.8	0.5	0.7	0.6
矩形	1.0	0.7	0.7	0.6

注 1. 当水箱按表中规定布置有困难时，允许水箱之间或水箱与墙壁之间的一面不留检修通道。
2. 表中有阀或无阀是指有无液压水位控制阀或浮球阀。

3.2 水泵

水泵是给水系统中的主要增压设备。在市政及建筑内部的给水系统中，一般采用离心式水泵。

3.2.1 离心泵及其分类

离心泵是依靠叶轮旋转时产生的离心力来输送液体的泵，利用高速旋转的叶轮叶片带动水转动，将水甩出，从而达到输送的目的。水泵在启动前，必须使泵壳和吸水管内充满水，然后启动电机，使泵轴带动叶轮和水做高速旋转运动，水发生离心运动，被甩向叶轮外缘，经蜗形泵壳的流道流入水泵的压水管路。

离心泵按水泵泵轴所处的位置划分，可分为卧式离心泵（见图 3.2.1）（泵轴与水平面平行）和立式离心泵（见图 3.2.2）（泵

图 3.2.1 卧式离心泵

图 3.2.2 立式离心泵

轴与水平面垂直）；有按叶轮的数量划分，可分为单级泵和多级泵（泵轴上连有两个或两个以上的叶轮），有几个叶轮就称为几级泵；可分为单吸、双吸（见图 3.2.3）、自吸式（见图 3.3.4）等多种形式。

图 3.2.3 双吸式离心泵

图 3.2.4 自吸式离心泵

离心式水泵的管路有压水管和吸水管两条。压水管是将水泵压出的水送到需要的地方，管路上应设闸阀、止回阀、压力表。吸水管是指由水池至水泵吸水口之间的管道，它将水由水池送至水泵内，管路上应设吸水底阀和真空表；当水泵安装低于水池液面时用闸阀代替吸水底阀，用压力表（正压表）代替真空表。水泵工作管路附件可简称为"一泵、二表、三阀"。

3.2.2 离心式水泵的基本性能参数

（1）流量：指水泵在单位时间内所输送水的体积，以符号 Q 表示，单位为 m^3/h。

（2）扬程：指单位重量的水通过水泵所获得的能量，以符号 H 表示，单位为 Pa 或 mH_2O。

（3）功率：指水泵在单位时间内所做的功，以符号 N 表示，单位为 kW。

（4）效率：指水泵功率与电机加在泵轴上的功率之比，以符号 η 表示，用百分数表示（％）。水泵的效率越高，说明泵所做的有用功越多，损耗的能量就越少，水泵的性能就越好。

（5）转速：指泵的叶轮每分钟的转数，以符号 n 表示，单位为 r/min。

（6）允许吸上真空高度：指水泵运转时，吸水口前允许产生真空度的数值，以符号 h 表示，单位为 Pa 或 mH_2O。允许吸上真空高度是确定水泵安装高度的参数。

在上述几个参数中，流量和扬程表明了水泵的工作能力，是水泵最主要的性能参数。

3.2.3 离心泵使用注意事项

（1）禁止无水运行；不要通过调节吸入口位置来降低排量，禁止在过低的流量下运行。

（2）监控运行全过程，彻底阻止填料箱泄漏，更换填料箱时要用新填料。

（3）确保机械密封有充分冲洗的水流；水冷轴承禁止使用过量水流。

（4）不要使用过多的润滑剂。

（5）按推荐的周期进行检查。建立运行记录，包括运行小时数，填料的调整和更换，添加润滑剂，以及其他维护措施和时间。对离心泵抽吸和排放压力，流量，输入功率，洗液，以及轴承的温度和振动情况，都应该定期进行测量和记录。

3.2.4 离心泵停止运转后的要求

（1）离心泵停止运转后应关闭泵的入口阀门，待泵冷却后再依次关闭附属系统的阀门。

（2）高温泵停车应按设备技术文件的规定执行，停车后应每隔 20～30min 盘车半圈，直到泵体温度降至 50℃为止。

（3）低温泵停车，当无特殊要求时，泵内应经常充满液体；吸入阀和排出阀应保持常开状态；采用双端面机械密封的低温泵，液位控制器和泵密封腔内的密封液应保持泵的灌浆压力。

（4）当泵输送易结晶、易凝固、易沉淀等介质时，停泵后应防止堵塞，并及时用清水或其他介质冲洗泵和管道。

（5）排出泵内积存的液体，防止锈蚀和冻裂。

3.2.5　离心泵安装方法

1. 关键安装技术

管道离心泵的安装技术关键在于确定离心泵安装高度，即吸程。这个高度是指水源水面到离心泵叶轮中心线的垂直距离，它与允许吸上真空高度不能混为一谈。水泵产品说明书或铭牌上标示的允许吸上真空高度是指水泵进水口断面上的真空值，而且是在 1 个标准大气压下、水温 20℃ 情况下，进行试验而测定得的，它并未考虑吸水管道配套以后的水流状况。而水泵安装高度应该是允许吸上真空高度扣除了吸水管道损失扬程以后，所剩下的那部分数值，它要克服实际地形吸水高度。水泵安装高度不能超过计算值，否则，离心泵将会抽不上水来。此外，影响计算值大小的是吸水管道的阻力损失扬程，因此，宜采用最短的管路布置，并尽量少设弯头等配件，也可适当考虑大一些口径的水管，以降低管内流速。应当指出，当管道离心泵安装地点的高程和水温不同于试验条件时（如当地海拔 300m 以上或被抽水的水温超过20℃），则需要对计算值进行修正。但是，当水温在 20℃ 以下时，饱和蒸汽压力可忽略不计。从管道安装技术上，吸水管道要求有严格的密封性，不能漏气、漏水，否则将破坏离心泵进水口处的真空度，使离心泵出水量减少，严重时甚至抽不上水来。因此，要认真地做好管道的接口工作，确保管道连接的施工质量。

2. 安装高度 H_g 计算

允许吸上真空高度 H_s 是指泵入口处压力可允许达到的最大真空度。而实际的允许吸上真空高度 H_s 值并不是根据计算式计算的值，而是由泵制造厂家实验测定的值，此值附于泵说明书中供用户查用。应注意的是，水泵样本中给出的 H_s 值是以清水为工作介质，操作条件为水温 20℃、压力为 $1.013 \times 10^5 \, \mathrm{Pa}$，当操作条件及工作介质不同时，需按下述情况进行换算。

（1）输送清水，但操作条件与实验条件不同，可按下式换算：

$$H_{s1} = H_s + H_a - 10.33 - H_v - 0.24$$

（2）输送其他液体，当被输送液体与实验条件不同时，需进行两步换算：第 1 步按上式将由泵样本中查出的 H_{s1}；第 2 步依下式将 H_{s1} 换算成 H_s；

（3）汽蚀余量 Δh，其值用 20℃清水测定。若输送其他液体，亦需进行校正，详查有关书籍。

吸程＝标准大气压(10.33m)－汽蚀余量－安全量(0.5m)

标准大气压能压管路真空高度 10.33m。

【例 3.2.1】 某泵必需汽蚀余量为 4.0m，求吸程 Δh。

解： $\Delta h = 10.33 - 4.0 - 0.5 = 5.83$ （m）

从安全角度考虑，泵的实际安装高度值应小于计算值。当计算之 H_g 为负值时，说明泵的吸入口位置应在储槽液面之下。

【例 3.2.2】 某离心泵从样本上查得允许吸上真空高度 H_s＝5.7m。已知吸入管路的全部阻力为 1.5mH₂O，当地大气压为 9.81×10^4Pa，液体在吸入管路中的动压头可忽略。

试计算：（1）输送 20℃清水时离心泵的安装高度。

（2）改为输送 80℃水时离心泵的安装高度。

解：（1）输送 20℃清水时泵的安装高度。

已知：$H_s = 5.7$m，$H_{f0-1} = 1.5$m，当地大气压为 9.81×10^4Pa，与泵出厂时的实验条件基本相符，因此泵的安装高度为

$$H_g = 5.7 - 0 - 1.5 = 4.2 \text{(m)}$$

（2）输送 80℃水时泵的安装高度。

输送 80℃水时，不能直接采用泵样本中的 H_s 值计算安装高度，需按下式对 H_s 进行换算，即

$$H_s' = H_{s1} + (H_a - 10.33) - (H_v - 0.24)$$

式中　H_s'——泵现场状态下的允许吸上真空度，m；

　　　H_{s1}——标准状态下（或样本给出的）的允许吸上真空度，m；

　　　H_a——泵现场状态下的大气压力，m；

　　10.33——标准状态下的大气压力，m；

H_v——液体当时温度下的汽化压力，m；

0.24——标准状态下水的汽化压力，m。

已知 $H_a = 9.81 \times 10^4 \approx 10$（$mH_2O$），查得 80℃ 水的饱和蒸汽压为 47.4kPa。

$$H_v = 47.4 \times 10^3 Pa = 4.83（mH_2O）$$

$$H_{s1} = 5.7 + 10 - 10.33 - 4.83 + 0.24 = 0.78（m）$$

将 H_{s1} 值代入式中求得安装高度，即

$$H_g = H_{s1} - H_{f0-1} = 0.78 - 1.5 = -0.72（m）$$

H_g 为负值，表示泵应安装在水池液面以下，至少比液面低 0.72m。

3.2.6 离心泵安装注意事项

（1）安装的基座表面必须平整、清洁，并能承受相应的载荷。

（2）在需要固定的地方，要使用地脚螺栓。

（3）对于垂直安装的泵，地脚螺栓必须有足够的强度。

（4）如果垂直安装，电机必须位于水泵上方。

（5）当固定在墙上时，要注意找正，对中。

3.2.7 技能降耗的优化措施

1. 提高离心泵效率

（1）在选型时，多比较各供应商的选型方案，在考虑性价比的前提下，尽量选用效率高的方案。

（2）派驻一定的专业人员驻厂，对影响水泵效率的关键零部件如叶轮、泵体、泵盖、导流器（立式长轴泵）等的制造质量进行监制，尤其对叶轮的翼形、出水角、叶片的分度及流道的形状、光洁度等质量进行控制，以保证交付的产品是在当前生产条件下的高效率的产品。

（3）在生产现场的安装调试过程中，要保证水泵的基础牢靠，与驱动机对中良好，前后阀门开关灵活，管道布置设计合理，现场控制安全可行，各运行监控仪表齐全准确，保证能够对

水泵的运行过程进行实时监控。

（4）在水泵的长期运行过程中，要注意对设备的点检，发现异常情况即时反映汇报，在正常的小修、大修周期中，应对各易损件进行检查更换，以保证水泵的长期高效安全的运行。

2. 优化现有水泵

调整叶轮直径和水泵的转速，将会对水泵的流量扬程和轴功率产生影响，但对效率曲线没有影响，从而保证水泵能够在高效区内工作。上述调节流量扬程都是有一定范围限制的，如果工况变化太大，原来的泵可能就要考虑改型了。